Untersuchungen über Selbststerilität und Selbstfertilität bei gärtnerischen Kulturpflanzen.

Von dem Senat
der Landwirtschaftlichen Hochschule in Berlin
genehmigte
Dissertation
zur Erlangung der Würde eines Doktors
der Landwirtschaft.

Vorgelegt durch
ERICH BÖHNERT,
Diplomlandwirt.

Mit 26 Abbildungen.

Springer-Verlag Berlin Heidelberg GmbH 1929

ISBN 978-3-662-39072-6   ISBN 978-3-662-40053-1 (eBook)
DOI 10.1007/978-3-662-40053-1

Berichterstatter: Professor Dr. Baur
Professor Dr. Miehe

Untersuchungen über Selbststerilität und Selbstfertilität bei gärtnerischen Kulturpflanzen.

Von Erich Böhnert, Diplomlandwirt.

Mit 26 Abbildungen.

Die Blütenbiologie, insbesondere die Kenntnis der sexuellen Verhältnisse unserer Kulturpflanzen, ist für den Pflanzenzüchter von grundlegender Bedeutung. Die Züchtungstechnik baut sich vollständig auf den Erfahrungen, die wir in bezug auf die geschlechtlichen Verhältnisse der züchterisch zu bearbeitenden Pflanzen gesammelt haben, auf. Es müssen daher nach E. Baur[1] unterschieden werden:

1. Pflanzen, die in Landwirtschaft oder Gärtnerei nur *vegetativ* vermehrt werden.

2. Pflanzen, die sich fast nur oder aber stark überwiegend durch *Selbstbefruchtung* fortpflanzen.

3. Pflanzen, die sich beim gewöhnlichen Anbau fast ganz oder aber doch im hohen Grade durch *Fremdbefruchtung* fortpflanzen, die aber bei *künstlicher Selbstbestäubung* ebenfalls Samen erzeugen, ohne sehr schnell zur Inzuchtsdegeneration zu neigen.

4. Pflanzen, die sich ganz oder wenigstens im hohen Maße durch *Fremdbefruchtung* fortpflanzen und die, sei es wegen *Geschlechtstrennung*, Selbststerilität oder sehr starker Inzuchtsdegeneration nicht künstlich in mehreren Generationen durch Selbstbefruchtung weitergezogen werden können.

Der erste Schritt des Züchters ist demnach, sich über die *Fortpflanzungsbiologie* der Pflanzen zu unterrichten. Die landwirtschaftlichen Gewächse sind in dieser Beziehung bereits weitgehend erforscht. Anders verhält es sich bei einem großen Teil der gärtnerischen und forstwirtschaftlichen Kulturpflanzen, da man ihnen bisher weniger Interesse zugewendet hat. Mit der Blütenbiologie *wildwachsender* Arten hat sich besonders Knuth[2] beschäftigt. Den *gärtnerischen* Belangen aber kommen weit mehr die grundlegenden und mühsamen Versuche Darwins[3] entgegen. Seine Untersuchungen bezogen sich auf eine große Zahl von Pflanzen, die sowohl in Gewächshäusern als auch im Freien, namentlich in botanischen Gärten, kultiviert werden. Ein ähnliches Gebiet ist auch der vorliegenden Arbeit zugrunde gelegt worden, und es wurde versucht, die *Darwin*schen Arbeiten, die in einem besonderen Werke veröffentlicht wurden[3], weiter auszubauen. Das Ziel der Untersuchungen war somit im großen und ganzen das gleiche. Es wurde angestrebt, in bezug auf die Versuchspflanzen folgende Fragen zu beantworten:

1. Ist auf Grund der morphologischen bzw. physiologischen Blütenverhältnisse *Selbststerilität* oder *Selbstfertilität bei gärtnerischen Kulturpflanzen die Regel*?

2. Ist im Falle von Selbstfertilität *spontane Autogamie* möglich?

3. Welche *Inzuchtserscheinungen* treten bei Selbstfruchtbarkeit auf?

Bei einigen Gewächsen ist ferner festzustellen versucht worden, ob und wieweit bei *Geschwister*pflanzen, die durch systematische Inzucht in ihrer Lebenskraft herabgesetzt worden sind, durch gegenseitige Kreuzung eine Regeneration herbeigeführt werden kann.

Die Untersuchungsmethode.

Sämtliche Versuche sind in der nachstehend beschriebenen Weise durchgeführt worden. Es kam vor allem darauf an, Fehlerquellen, wie sie *Darwin* bei seinen Arbeiten selbst erkannt hatte, nach Möglichkeit auszuschalten. Sämtliche Blüten wurden daher bis auf die vermerkten Ausnahmen vor der Reife der Antheren kastriert. Zwischen dem Entfernen der Staubgefäße und der Bestäubung lagen gewöhnlich 2—4 Tage. Die Blüten wurden, um sie vor einer ungewollten Pollenübertragung zu schützen, durch Pergaminbeutel abgeschlossen. Diese schützen die Blüten verhältnismäßig gut, müssen aber nach dem Fruchtansatz sobald als möglich entfernt werden. Als zweckmäßig hat sich das Anbinden der Blüten an einen stärkeren Blumenstab erwiesen. Wichtig ist, daß der hierbei verwendete Bast in Form einer ∞ um Stab und Tüte gelegt und der obere Teil der letzten etwas eingeschnürt wird, um am Herabrutschen verhindert zu sein. Den Pergaminbeutel über Pflanze und Stab zu stülpen, ist im Freien technisch falsch, da durch Regen oder Wind sehr bald ein Zerreißen der Beutel herbeigeführt wird.

Nicht *alle* Pflanzen vertragen diesen Abschluß. *Erwärmung* im Inneren des Beutels und *geringere Belichtung* tragen dazu bei, daß die Blüten zum Teil schon vor bzw. kurz nach der Kastration abfallen. Besonders empfindlich zeigen sich die Leguminosen. Bei Gewächshauspflanzen wurde ein wirksamer Schutz vor ungewollter Bestäubung nur dann für nötig erachtet, wenn auch Bienen und andere Dipteren Zutritt hatten. Während dieser Zeit wurden die Blüten durch loses Überstülpen einer Pergamintüte, die unten offen blieb und nur auf einem Blumenstab ruhte, geschützt. Die Heranzucht und Behandlung der Pflanzen geschah nach gärtnerischen Gesichtspunkten. Samen von gekreuzten und selbstbefruchteten Pflanzen wurden in möglichst gleicher Entfernung voneinander in Töpfen von 12 cm Durchmesser in völlig einheitlicher Erde zur Aussaat gebracht. Die Erdmischung entsprach praktischen Erfahrungen. Sie war gewöhnlich leicht und sandig; bei Gesneriaceen, Begoniaceen und anderen Familien, deren Vertreter eine sehr feine Bewurzelung aufweisen, wurde sie außerdem mit Torfmull untermischt. Das Vereinzeln (Pikieren) der Sämlinge einer Art aus Selbst- bzw. Kreuzbefruchtung wurde stets am nämlichen Tage unter völlig gleichen Verhältnissen vorgenommen. Die geringste Zahl an Pflanzen eines Satzes, der mit anderen in Vergleich gebracht wurde, war, wenn möglich, 24; gewöhnlich wurden erheblich mehr herangezogen, um ein sicheres Ergebnis zu erhalten. Die Samen aus *Selbstbefruchtung* keimten in vielen Fällen erst einige Tage *später* als die aus einer Kreuzung hervorgegangenen. Es wurde dann mit dem Vereinzeln so lange gewartet, bis auch die ersten soweit entwickelt waren, daß sie mit der Pikiergabel aus dem Saattopf gehoben werden konnten.

Die Pflänzlinge wurden zunächst in flachen Holzkästchen untergebracht. Bei gleichmäßigen Abständen, die vorher durch ein Liniennetz markiert waren, wurden sie in diesen Pikierkästen so lange gepflegt, bis sich ein erneutes Verpflanzen als nötig erwies. Da die Abstände entsprechend bemessen waren, konnten sie hierauf gewöhnlich in kleine Blumentöpfe versetzt werden. Die Weiterpflege entsprach den jeweilichen Kulturbedingungen. Verschiedene Arten wurden im Laufe der stärksten Wachstumsperiode wiederholt in größere, aber stets gleichmäßige, Töpfe verpflanzt.

Dieses Anzuchtsverfahren weicht stark von dem *Darwin*s ab und erfordert weit mehr Mühe und Arbeitszeit. Um Vergleiche ziehen zu können, sei *Darwin*s Methode hier kurz beschrieben. D. brachte in den meisten Fällen die Samen in glasbedeckten Schalen, durch eine Scheidewand getrennt, auf feuchtem Sand zum Keimen. Gingen zunächst auf einer Seite einige Samen auf, so wurden diese fortgeworfen. Sobald aber auf jeder Seite Keimlinge zu gleicher Zeit erschienen, dann wurden sie auf die entgegengesetzten Seiten eines größeren Topfes gepflanzt. Es wurden gewöhnlich mehrere Töpfe mit 6—20 Sämlingen gepflegt, die dann, durch eine Scheidewand getrennt, untereinander in Wettbewerb traten. War ein Sämling durch irgendeine Ursache erkrankt oder vorzeitig abgestorben, so wurde auch sein Antagonist entfernt. Ein Teil der übrig gebliebenen Sämlinge wurde zuweilen auch in zwei langen Reihen ins freie Land gebracht, wo sie untereinander konkurrieren konnten. Diese Verfahren, besonders das erste, gestatten wohl einen scharfen Wettkampf der Pflänzlinge untereinander, weichen aber von den gärtnerischen Kulturmethoden, die bei den hier behandelten Versuchen den Vorzug verdienten, erheblich ab.

Für die *Reihenfolge der Versuchsschilderung* war die Familienanordnung nach *Engler — Gilg*[4] maßgebend. Da die *Dikotyledonen* erklärlicherweise den weit größeren Anteil an den Versuchen hatten, so soll diese Klasse der Angiospermen *vor den Monokotyledonen* behandelt werden.

Dicotyledoneae.
Caryophyllaceae.

Silene coeli — rosa Rohrb. (Viscaria oculata Lindl.)

Eigenbestäubung ist im hohen Maße möglich. Die Narbe ist im Verhältnis ziemlich kurz und kommt mit den gleichzeitig wirksamen Antheren leicht in Berührung. Selbst nach dem Abfallen der letzten ist die Möglichkeit einer Befruchtung vorhanden, da auf den Blumenkronblättern haftender Pollen sich mit den sich nach unten neigenden Griffelästen verbinden kann.

Silene coeli-rosa Rohrb. (Viscaria oculata Lindl.)

	Zahl der beobachteten Blüten	Fruchtansätze	Samengewicht insgesamt mg	je Frucht mg
a) Gekreuzt . . .	10	9	595	66
b) Geselbstet* . .	51	45	1140	25
c) Spont. geselbstet	28	20	290	15

a:b = 100:38

Darwin hat mit dieser Art gleichfalls Versuche angestellt und fand folgende Gewichtsverhältnisse:

Kreuzung: Selbstbefruchtung = 100:44
„   : spont.   „   = 100:58

Lychnis coronaria Desr. var. splendens Hort.

Die Blüte dieser Pflanze ist verhältnismäßig stark protandrisch. Spontane Selbstbefruchtung ist trotzdem möglich. Die Samenproduktion ist in jedem Falle annähernd gleichmäßig.

Lychnis coronaria Desr. var. splendens Hort.

	Zahl der beobachteten Blüten	Fruchtansätze	Samengewicht insgesamt mg	je Frucht mg
a) Gekreuzt	16	15	1535	102
b) Geselbstet . . .	6	6	550	92
c) Spont. geselbstet	21	20	1870	94

a:b = 100:90

Nach dem Zahlenverhältnis war zu erwarten, daß die erste Inzuchtsgeneration den Pflanzen aus Kreuzbefruchtung nicht wesentlich nachstehen würde. Diese Vermutung bestätigte sich. In den ersten Wochen

---

* Hierunter ist in allen Fällen Übertragung von Pollen derselben *Pflanze*, nicht nur der gleichen *Blüte* zu verstehen.

Über Selbststerilität und Selbstfertilität bei gärtnerischen Kulturpflanzen. 5

war zwar ein Unterschied deutlich wahrnehmbar, doch glichen sich gegen Ende der Kulturzeit die Pflanzen, die ein starkes Wurzelvermögen besaßen, im Wachstum aus. Im Frühjahr ließ sich infolge der Überwinterung der Pflanzen im Kalthause nur eine geringe Blühwilligkeit feststellen. Die Inzuchtsgeneration brachte 15 Blütenstiele, die aus Kreuzung entstandenen Pflanzen dagegen nur 6.

Wesentlich stärker war der Wachstumsunterschied in F_2 aus *Inzucht*. Das geht auch aus dem Samengewicht hervor. Während F_1 je Kapsel 92 mg Samen hervorbrachte, ergab eine solche aus F_2 nur 70 mg. Sehr ausgeprägt war die geringere und sehr späte Neigung zum Keimen

Abb. 1. Vergleichssaaten von Digitalis und Lychnis F_2. Die Samen aus Kreuzung keimten mehrere Tage früher als die aus Selbstbefruchtung.

gegenüber den Samen aus Kreuzung. Letztere waren 1 Jahr älter als die der Vergleichssaat. Da die F_2-Generation 6—7 Tage nach der anderen keimte, behielten die Sämlinge aus Kreuzung bis zum Schluß einen erheblichen Vorsprung. Ein Gewichtsvergleich ergab ein Verhältnis von 100:86. Eine F_3-Generation konnte nicht beobachtet werden, da keine Pflanze, sowohl die aus Inzucht als auch die aus Kreuzung entstandenen, nach Gewächshausüberwinterung zum Blühen zu bewegen war.

Ranunculaceae.
Delphinium chinense Fisch. var. grdfl. nanum comp.

Die protandrischen Blüten scheinen nicht in der Lage zu sein, sich spontan selbst zu befruchten. Bei Selbstbestäubung läßt die Fruchtbarkeit erheblich nach. Ein Teil der Samen bleibt in diesem Fall klein und runzlig, während bei spontaner Kreuzung durch Insekten der größte Teil der Balgkapseln vollkommen ausgebildet wird.

Delphinium chinense Fisch. var. grdfl. nanum comp.

	Zahl der beobachteten Blüten	Fruchtansätze	Samengewicht insgesamt mg	je Frucht mg
a) Gekreuzt	30	20	1330	67
b) Geselbstet . . .	32	14	455	33
c) Spont. geselbstet	40	—	—	—

a : b = 100 : 49

Bei der Aussaat keimten die aus Inzucht gewonnenen Samen, die mit der anderen Gruppe am gleichen Tage geerntet wurden, 24 Stunden später. Ein geringer Vorsprung der aus Kreuzung entstandenen Pflanzen war stets wahrnehmbar, doch war er nicht so erheblich, wie man es aus dem obigen Verhältnis entnehmen könnte.

Nigella aristata Sibth. et Sm.

Insekten werden häufig von den hellblauen kronenartig ausgebildeten Kelchblättern angelockt und nehmen eine ausgiebige Kreuzung vor. Spontane Selbstbefruchtung ist trotz Protandrie gegen Ende des Blühvorganges noch möglich, da die anfangs aufrecht stehenden Griffel sich gegen Ende desselben herabbiegen und mit den zum Teil noch Pollen enthaltenden Antheren in Berührung kommen.

Nigella aristata Sibth. et Sm.

	Zahl der beobachteten Blüten	Fruchtansätze	Samengewicht insgesamt mg	je Frucht mg
a) Gekreuzt	5	5	980	196
b) Geselbstet . . .	8	8	745	93
c) Spont. geselbstet	22	22	2335	106

Die vorstehenden Zahlen dürften in diesem Falle keinen Maßstab für die Fruchtbarkeit der einzelnen Gruppen geben, da die zuerst entwickelte Frucht bei weitem die folgenden an Größe zu übertreffen pflegt.

Auch *N. damascena L.* ist im hohen Maße ohne Insektenhilfe selbstfertil.

Papaveraceae.

Eschscholtzia aurantiaca Cham.

Es liegt hier ein Fall völliger Selbststerilität vor. Obwohl eine große Zahl von Blüten beobachtet wurde, kam es bei Bestäubung mit eigenem Pollen in keinem Falle zur Samenbildung. Die *gekreuzten* Blüten setzten dagegen sehr willig Früchte an. Dasselbe war auch bei den durch Bienen fremdbestäubten der Fall.

Eschscholtzia Douglasii Benth. verhält sich ebenso. *F. Müller* fand bei *E. californica*[5], daß in Südbrasilien gezogene Pflanzen dort ebenfalls

Über Selbststerilität und Selbstfertilität bei gärtnerischen Kulturpflanzen. 7

völlig selbststeril waren. *Darwin* zog in England aus brasilianischem Samen Pflanzen heran, die sich hier nicht mehr so vollkommen steril verhielten[6].

Argemone grandiflora Sweet

Diese Pflanze ist in unseren Gärten nur sehr selten anzutreffen. Die weißen Blüten sind ansehnlich und besitzen die Eigenart, sich vor dem Regen zu schließen. Kreuzbestäubt wurden 15 Blüten, die auf 7 Pflanzen verteilt waren. Davon wurden 12 wirksam befruchtet. Sie sind auf

Abb. 2. Argemone grandiflora Sweet F_1.

Eigenbestäubung eingerichtet. Die Samenerzeugung geht aber bei Selbstbestäubung stark zurück. Das zeigt folgende Tabelle:

Argemone grandiflora Sweet.

	Zahl der beobachteten Blüten	Frucht- ansätze	Samengewicht insgesamt mg	je Frucht mg
a) Gekreuzt	15	12	2640	220
b) Geselbstet . . .	13	6 }	110	10
c) Spont. geselbstet	20	5 }		

Alle aus Selbstbefruchtung hervorgegangenen Samen waren im Durchmesser geringer als die aus Kreuzung entstandenen. Nach der Aussaat zeigte sich bei den ersten eine bedeutend geringere Keimfähigkeit, so daß die Kreuzungspflanzen den anderen von Beginn an weit überlegen waren. Dasselbe wiederholte sich in noch höherem Maße in der F_2-Generation.

Nach *Hildebrand*[7] ist auch *A. ochroleuca Lindl.* nicht völlig steril.

Papaver orientale L. var. *colosseum*.

Von jeder Pflanze wird, wenn sie einige Jahre am selben Orte steht, eine größere Zahl von Stengeln erzeugt, die zu Beginn des Monats Juni von je einer Blüte gekrönt sind. Es ist daher technisch leicht möglich, *alle drei Verhältnisse an einer Pflanze* zu prüfen. Ein solcher Fall soll als „Staffel" bezeichnet werden. Die zur Kreuzung bestimmten Blüten wurden bereits frühzeitig kastriert, da fast alle Mohnarten stark protandrisch sind. Das erste Bestäuben fand nach 3—4 Tagen statt und wurde später wiederholt, um sicher zu gehen, daß die Narben den Pollen auch im empfängnisfähigen Zustande aufgenommen haben. Zur Kreuzung wurde eine im Farbton etwas dunklere, aus Samen entstandene rote Form gewählt, da P. o. bei den Gärtnern vegetativ vermehrt wird. Die gekreuzten Blüten erzeugten eine große Zahl von Samen. Die aus Selbstung hervorgegangenen und die spontan autogamen waren dagegen nur in einem sehr geringen Maße fruchtbar. Eine der für den Versuch verwendeten Pflanzen hatte ein gleichmäßig höheres Samengewicht in jeder Gruppe der Staffel. Demnach scheint bei einzelnen Pflanzen die Fertilität zu schwanken.

Papaver orientale L. var. *colosseum*.

	Zahl der beobachteten Blüten	Fruchtansätze	Samengewicht insgesamt mg	je Frucht mg
a) Gekreuzt. . . .	8	8	9035	1129
b) Geselbstet . . .	8	8	255	32
c) Spont. geselbstet	9	9	115	13

a:b = 100:3

Die zu erwartende Überlegenheit des von Kreuzungspflanzen abstammenden Samens traf ein. Er keimte in der F_1-Generation um 2, in der F_2-Generation um 3 Tage früher als der durch Selbstbefruchtung erzeugte. In der letzten Generation waren etwa 5% solcher Sämlinge, deren Keimblätter chlorophyllos waren. Diese Erscheinung tritt oft bei Inzuchtsgenerationen von Nelken, Hortensien, Nigella u. a. auf.

Auch im weiteren Wachstum waren die Sämlinge aus Kreuzung denen aus Inzucht, besonders denen der F_2-Generation, sehr überlegen. Sie wurden während des Winters im Kalthause weiterkultiviert. Im Frühjahr zeigte sich dann nach dem Verpflanzen und somit Aufhören einer Konkurrenz eine gewisse Angleichung. Trotzdem stand das Durchschnittsgewicht im folgenden Verhältnis:

Kreuzungs-F_1: Inzuchts-F_1 wie 100:94
„ : „ -F_2 „ 100:91

Pflanzen aus Inzucht waren blühwilliger als solche aus Kreuzung. So blühten z. B. in der F_1-Generation von je 24 Sämlingen im 1. Kulturjahre nur 2 aus Inzucht.

Über Selbststerilität und Selbstfertilität bei gärtnerischen Kulturpflanzen. 9

Ähnlich liegen die Befruchtungsverhältnisse bei *Papaver nudicaule* L., der in den Gärten gewöhnlich zweijährig kultiviert wird. Selbstbefruchtung ergab nur eine geringe Samenmenge. So produzierten 15 gekreuzte Blüten insgesamt 885 mg Samen, 34 selbstbestäubte aber nur 100 mg. Bei der Aussaat keimten von diesen scheinbar keimfähigen Samen aus

Abb. 3. 1. Papaver Rhoeas L. „Shirley" F_1. 2. Papaver somniferum L. „Danebrog" F_1. 3. Salpiglossis variabilis Hort. F_1.

Selbstbefruchtung nur 2 Korn. Die entstandenen Pflänzchen wurden nicht weiterbeobachtet.

Papaver Rhoeas L. „Shirley".

Diese Gartenform des Klatschmohnes erzeugt stark protandrische Blüten. Da ein Nachbestäuben der rechtzeitig kastrierten selbstfertilen Blüten nicht vorgenommen wurde, zeigte sich die Samenproduktion, die beim freien Abblühen sehr hoch ist, etwas schwankend.

Papaver Rhoeas L. „Shirley".

		Zahl der beobachteten Blüten	Fruchtansätze	Samengewicht insgesamt mg	je Frucht mg
Staffel I:	a) Gekreuzt . . .	2	2	195	98
	b) Geselbstet. . .	6	3	150	50
Staffel II:	a) Gekreuzt . . .	4	4	265	66
	b) Geselbstet. . .	1	einz. Sam.	5	5

a : b = 100 : 34

Die Inzuchtsgeneration war von Anfang an der anderen stark unterlegen (Abb. 3, 1. Reihe links unten). Auch die Keimfähigkeit war stark geschwächt. Ein Teil der F_1-Pflanzen aus Inzucht hatte völlig verkümmerte Antheren, so daß eine Eigenbestäubung nicht mehr möglich war.

Papaver dubium L., der als Unkraut auf leichten Böden häufig vorkommt, war spontan autogam. Das ist auch bei Papaver Rhoeas nicht zu bezweifeln. Wurde jedoch in der Bestäubung nachgeholfen, so zeigte sich eine stärkere Fruchtbarkeit.

Papaver somniferum L.

Der Speisemohn ist ebenfalls in einem hohen Maße selbstfertil. Das bestätigen auch die Versuche von *Darwin* und *H. Hoffmann*[8]. Die Kastration muß vor dem Erblühen vorgenommen werden. *J. Scott*[9] fand, daß kein Samen produziert wird, wenn die Oberfläche der Narbe entfernt wurde, ehe sich die Blüten entfalteten. Geschah dieses jedoch nach dem Freiwerden der Narben, so wurden fast ausnahmslos keimfähige Samen erzeugt. Die gefülltblühenden Formen sind nicht in dem Maße fruchtbar wie die sog. einfachen.

Papaver somniferum L. „Danebrog".

	Zahl der beobachteten Blüten	Fruchtansätze	Samengewicht insgesamt mg	je Frucht mg
a) Gekreuzt	3	3	7690	2563
b) Geselbstet . . .	3	3	7540	2513
c) Spont. geselbstet	4	4	1280	320

Papaver somniferum L. var. laciniatum fl. pl.

a) Gekreuzt	1	1	250	250
b) Geselbstet . . .	2	2	1780	890
c) Spont. geselbstet	1	1	95	95

Das Mißverhältnis in dem Samengewicht zwischen Kreuzung und Selbstbefruchtung erklärt sich daraus, daß keine Nachbestäubung bei dieser Staffel vorgenommen worden ist.

Ein Vegetationsversuch, der in 2 Generationen durchgeführt wurde, zeigte eine starke Überlegenheit der aus Kreuzung entstandenen Pflanzen (s. Abb. 3 u. 4).

Über Selbststerilität und Selbstfertilität bei gärtnerischen Kulturpflanzen. 11

Dicentra spectabilis Lem.

In den sog. Bauerngärten ist diese Staude unter der Bezeichnung „Tränendes Herz" häufig anzutreffen. Sie ist im hohen Maße selbststeril. Da die in einer Gegend verbreiteten Pflanzen wohl sehr oft als „Klon" anzusprechen sind, ist eine Kreuzung nicht immer mit Sicherheit vorzunehmen. Es wurde an 3 alten Pflanzen eine sehr große Zahl von Blüten beobachtet. Obwohl die Narbe vom Pollen geradezu eingehüllt wird, ist ein Fruchtansatz an diesen Pflanzen nicht in Erscheinung getreten. Im folgenden Frühjahr wurden sie durch Stecklinge stark vermehrt. Im 2. Jahr nach der Vermehrung zeigten sich spontan

Abb. 4. Papaver somniferum L. F_1.

insgesamt 6 Früchte, die je 1, in 2 Fällen je 2 Samenkörner enthielten. Sie gelangten im darauffolgenden Frühjahr zur Aussaat, keimten aber nicht mehr.

Cruciferae.

Cheiranthus cheiri L.

Selbstfertilität ist stark ausgeprägt. Die Narben werden bereits in der Knospe bestäubt.

Matthiola annua Sweet hybr.

Die kultivierten Sorten der Sommer- und Winterlevkojen sind sehr selbstfertil. Der Pollen gelangt auch hier bereits in der Knospe auf die Narbe, die aber in diesem Stadium noch nicht aufnahmefähig erscheint.

Die wildwachsende Art dagegen ist äußerst selbststeril. Eine große Zahl von Blüten wurde getütet und sich selbst überlassen. Es wurde keine Frucht zur Ausbildung gebracht. Auch dem Insektenbesuch ausgesetzte Pflanzen erzeugten nur wenig Samen.

Rosaceae.

Mit besonderer Aufmerksamkeit hat man in den letzten Jahren die Befruchtungsverhältnisse unserer Stein- und Kernobstsorten untersucht. Da auf diesem Gebiete von verschiedenen Forschern umfangreiche Versuche durchgeführt worden sind, soll im Zusammenhang mit der vorliegenden Arbeit nur eine kurze Übersicht gegeben werden[10].

Bei unseren Obstarten herrscht *Fremdbefruchtung* vor. *Selbstbefruchtung* ist unter dem Steinobst beim *Pfirsich*, unter dem Kernobst bei der *Quitte* am stärksten ausgeprägt. *Sauerkirschen* sind häufiger selbstfertil als *Süßkirschen*, die sich im hohen Grade als selbststeril erwiesen haben. Einige *Pflaumen* der Domestica-Gruppe (im weiteren Sinne) sind mit eigenem Pollen fruchtbar; dagegen sind diejenigen der Triloba- und Americana-nigra-Gruppe gewöhnlich auf Fremdbestäubung angewiesen.

Die Befruchtungsverhältnisse bei *Aprikosen* sind noch wenig geklärt. Kalifornische *Mandel*sorten sollen bei ausbleibender Fremdbestäubung schlechte Ernten bringen.

Bei *Äpfeln* und *Birnen* gilt Fremdbestäubung als Regel. Sogenannte *Intersterilität*, d. h. Unmöglichkeit gegenseitiger Befruchtung bei anscheinend nahe verwandten Sorten, ist verschiedentlich beobachtet worden. Sie ist physiologisch oder biochemisch bedingt und hat mit der Unfruchtbarkeit, die durch mangelhaft keimfähigen Blütenstaub verursacht wird, nichts gemein.

Tropaeolaceae.
Tropaeolum majus L.

Diese Art ist mit eigenem Pollen fruchtbar. Die Narbe wird wesentlich später reif als die Antheren. Spontane Autogamie ist daher nur sehr selten der Fall. Es wurde nur das Befruchtungsergebnis beobachtet.

Tropaeolum majus L.

	Zahl der beobachteten Blüten	Fruchtansätze	Samengewicht insgesamt mg	je Frucht mg
a) Gekreuzt	15	7	1315	188
b) Geselbstet . . .	5	5	760	152
c) Spont. geselbstet	17	2	295	148

a:b = 100:81

Balsaminaceae.
Impatiens Balsamina L.

Die Gartenbalsamine ist im hohen Maße selbstfertil. Isolierte Pflanzen, die in einem Kalthaus standen, erzeugten willig eine größere Anzahl Früchte. Während bei Impatiens Sultani Hook. die verwachsenen

Staubgefäße gewöhnlich vor der Narbenreife abfallen, ist dies bei I. Balsamina nicht der Fall. Das Stigma wird von dem Androeceum geradezu eingehüllt. Hummeln nehmen spontane Kreuzung vor. Von 19 gekreuzten Blüten zeigten 10 Fruchtansatz. Die Samen wogen zusammen 1110 mg. Bis zur Samenreife vergehen je nach Witterung 4—6 Wochen. Der Fruchtansatz aus spontaner Selbstbestäubung war größer als der bei Kreuzung. Dieses erklärt sich aber aus der Empfindlichkeit des Fruchtknotens gegen die geringste Verletzung. Die Kastration darf nicht in einem zu frühen Stadium der Blütenentwicklung vorgenommen werden.

71 spontan geselbstete Blüten — die absichtlich bestäubten wurden, wie in der Regel alle Blüten, durch verschiedenfarbige Bastfäden gekennzeichnet — brachten 52 Früchte mit einem Samengewicht von insgesamt 4,485 g. Eine aus Kreuzung hervorgebrachte Frucht erzeugte 111 mg Samen, eine aus Selbstung dagegen nur 86 mg. Bezüglich der Wüchsigkeit der Pflanzen aus Inzucht konnte nur die 1. Generation beobachtet werden. Das Verhältnis war wie 100:102. Die, wenn auch nur geringe, Überlegenheit der Inzuchtspflanzen erklärt sich leicht aus dem höheren Einzelkorngewicht der Samen; die Kapseln der geselbsteten Blüten enthielten eine geringere Zahl an Samenkörnern.

Eine andere Spezies, I. barbigera, ist nach *Darwin*s Befund der Kreuzbefruchtung durch Bienen sehr zugänglich[11], setzt aber, wie auch I. Balsamina, isoliert reichlich Früchte an. Im Gegensatz hierzu soll *I. fulva* merkwürdigerweise mit ihrem eigenen Pollen steril sein[12].

Impatiens Sultani Hook.

Die beobachteten Pflanzen waren in einem temperierten Gewächshause aufgestellt. Jüngere, deren Wurzeln die Erde noch nicht sehr stark durchwurzelt hatten, zeigten gute Laubentwicklung, blühten aber weniger gut als die älteren Pflanzen, die bereits sichtbar unter Nahrungsmangel litten. Guternährte Topfpflanzen und solche, die im freien Grunde des Gewächshauses standen, wiesen nur gelegentlich Früchte, die aus spontaner Selbstbestäubung hervorgegangen waren, auf. Wurden bei diesen Pflanzen reife Narben mit eigenem Pollen belegt, so zeigte sich kein besserer Fruchtansatz. Dasselbe war auch bei Bestäubung mit Pollen einer fremden Pflanze der Fall. Wesentlich häufiger wurde aber der Fruchtansatz, sobald die in Töpfen stehenden Balsaminen sichtbar unter Nahrungsmangel litten.

28 gekreuzte Blüten guternährter Pflanzen brachten 0 Früchte
20   ,,   ,,   minderwüchs.   ,,   ,,   17   ,,

Das Samengewicht der letzten betrug 285 mg. 10 spontan selbstbefruchtete Blüten brachten dagegen nur 100 mg Samen. Das ist ein Verhältnis wie 100:59.

Die aus Inzucht hervorgegangenen Samen keimten nur in geringer Zahl, während die durch Kreuzung erzeugten besonders keimkräftig waren. An Lebenskraft standen die Inzuchtpflanzen den anderen nur wenig nach. Eine Messung ergab folgendes Verhältnis:

28 Pflanzen aus Kreuzung waren im Durchschnitt 32,4 cm hoch
25 ,, ,, Inzucht ,, ,, ,, 30,1 ,, ,,

Zur Reife der Samen waren nur 23 Tage nötig.

Malvaceae.
Malope grandiflora F. G. Dietr.

Die Blüten der Malvaceen sind gewöhnlich vormännig. Trotzdem ist spontane Autogamie möglich. Gegen Ende der Blütezeit beugen sich die Narben nach unten, so daß sie noch mit den obersten welkgewordenen Antheren in Berührung kommen. Der Samenansatz läßt bei Selbstbefruchtung stark nach, so daß nur wenige der Teilfrüchtchen ausgebildet sind.

Malope grandiflora F. G. Dietr.

	Zahl der beobachteten Blüten	Fruchtansätze	Samengewicht insgesamt mg	je Frucht mg
a) Gekreuzt	12	12	1445	120
b) Geselbstet ...	26	25	1195	48
c) Spont. geselbstet	14	5	315	63

Die Zahl der scheinbar keimfähigen Samen war in den einzelnen Früchten sehr schwankend. Daraus ergibt sich wohl das Mißverhältnis zwischen den aus Selbstung und den aus spontaner Selbstbefruchtung hervorgegangenen Samengewichten. Von F_1 aus Inzucht erzeugten 7 selbstbestäubte Blüten 185 mg Samen. Schon in F_1 war eine erhebliche Schwächung der Inzuchtsgeneration festzustellen. Die Keimfähigkeit war noch geringer als man erwarten konnte.

Am Ende der Kulturzeit standen die Pflanzen in bezug auf ihre Höhe in einem Verhältnis wie 100:78. Das Wachstum der Inzuchtpflanzen verschlechterte sich in F_2 noch erheblicher. Ein Teil starb vorzeitig ab. Es wurde diesmal das gewichtsmäßige Verhältnis festgestellt. 8 Pflanzen aus Kreuzung wogen 271 g, 7 aus Inzucht nur 96 g, d. h. sie standen wie 100:35.

Begoniaceae.
Begonia tuberosa Hort. hybr.

Auch diese Begonie ist im hohen Maße für Inzucht empfänglich. Die Pflanze ist einhäusig; gewöhnlich werden 3 Blüten von einem Stengel getragen. Die erstblühende ist männlich, die beiden letzten sind weiblich. Begonien sind wegen Trennung der Geschlechter auf Insektenbesuch angewiesen. Übertragung des Pollens durch den Wind scheint

Über Selbststerilität und Selbstfertilität bei gärtnerischen Kulturpflanzen. 15

ausgeschlossen zu sein; die Antheren öffnen sich nur wenig und entlassen schwer den Blütenstaub. Es wurden 3 Inzuchtsgenerationen gezogen, die ein immer weiteres Herabsinken der Lebenskraft zeigten. Es konnten folgende Degenerationserscheinungen, die von Generation zu Generation zunahmen, festgestellt werden:
1. Die Höhe der Pflanzen ging zurück.
2. Der Durchmesser der Blüte wurde geringer.
3. Das Knollengewicht nahm ab.
4. Die Anfälligkeit für Krankheiten stieg.
5. Die Samenproduktion wurde eingeschränkt.

Abb. 5. Begonia tuberosa Hort. hybr. F_1.

Die nachstehenden Zahlen geben den Durchschnitt an:

	1	2	3	4	5
	Höhe der Pflanzen cm	Durchm. der Blüten längs cm	Knollengewicht g	Samengewicht je Kapsel mg	Krankheiten im jugendlichen Zustand
Kreuzungsgenerat. .	22,3	17,4	19,24	57	—
Inzuchts-F_1	18,4	14,3	18,85	45	—
Inzuchts-F_2	17,6	12,6	—	20	Pythium de Baryanum
Inzuchts-F_3	17,3	9,8	—	17	—

Abb. 6. I. Begonia tuberosa Hort. hybr. F_2. II. Begonia Rex Putz hybr. F_2.

Abb. 7. Begonia tuberosa Hort. hybr. F_2.

Um festzustellen, wieweit Geschwisterkreuzung eine Regeneration herbeiführen könne, wurde nachstehender Versuch gemacht:

Bei 10 Pflanzen der Inzuchts-F_3 wurde ein Teil der Blüten mit eigenem Pollen befruchtet, ein anderer untereinander gekreuzt. In der Ausbildung der Früchte war kein äußerlicher Unterschied erkennbar. Das

Über Selbststerilität und Selbstfertilität bei gärtnerischen Kulturpflanzen. 17

durchschnittliche Samengewicht je Kapsel war durch die Kreuzbefruchtung um 7 mg höher als das der Früchte aus Selbstbestäubung.

Die geernteten Samen einer jeden Pflanze wurden nun unter völlig gleichen Bedingungen getrennt ausgesäet. Zum Vergleich diente eine Saat, die von Pflanzen stammte, die mehrere Generationen hindurch gekreuzt worden waren. Das Ergebnis war, daß offenbar nur 2 Pflanzen aus dieser Geschwisterkreuzung einen Gewinn gehabt haben. Aber

Abb. 8. Begonia tuberosa Hort. hybr. F_1. Austrieb der Knollen nach der Ruheperiode.

Abb. 9. Begonia tuberosa Hort. hybr. 1. F_1 aus Kreuzung. 2. F_1 aus Selbstung. 3. F_2 aus Selbstung.

auch sie blieben den Vergleichspflanzen gegenüber stark zurück, während die übrigen noch kümmerlicher gediehen.

Begonia Rex Putz hybr.

Der Formenkreis dieser Begonie, die gewöhnlich vegetativ vermehrt wird, ist sehr groß. Die Blüten sind diklin; die männlichen blühen vor den weiblichen. In Gewächshäusern ist spontane Übertragung des Pollens ausgeschlossen. Eigenbefruchtung ist wirksam; der größte Teil

Abb. 10. Begonia tuberosa Hort. hybr. Im Hintergrund Digitalis purpurea L. var. gloxiniaeflora (F_2) vor Vergleichspflanzen aus Kreuzbefruchtung.

der Samenanlagen wird jedoch nicht ausgebildet. Das Samengewicht einer Frucht lag gewöhnlich unter 5 mg.

Inzucht machte sich in einem sehr erheblichen Maße bemerkbar. Auch die Anfälligkeit für den sog. Vermehrungspilz, Pythium de Baryanum, ist bei dieser Generation bedeutend stärker. Die in Abb. 11 zu verzeichnenden Fehlstellen sind hierauf zurückzuführen.

Im Herbst des Jahres — die Aussaat fand am 6. März 1928 statt — wurde das Durchschnittsgewicht der Kreuzungsgeneration mit dem der aus Inzucht entstandenen verglichen. Es verhielt sich wie 100:68.

Einige der Inzuchtspflanzen wurden weitergepflegt, um eine 2. Generation heranzuziehen. Im Frühjahr 1929 erschienen aber nur an 2 Pflanzen einige Blüten. Sie waren in ihrer Größe so stark zurückgegangen, daß ein Fruchtansatz bei Geschwisterkreuzung nicht mehr zu erzielen war. *Begonia semperflorens Link et Otto* leidet ebenfalls stark unter Inzucht. 8 gekreuzte Blüten ergaben insgesamt 340 gm Samen, 10 selbstbefruchtete dagegen nur 160 mg. Die Blattentwicklung der aus Fremdbefruchtung hervorgegangenen Pflanzen war stärker als die der Inzuchtsgeneration.

Cactaceae.
Phyllocactus Pseudo-Ackermanni Hort.

Diese Art widersteht allen Selbstbefruchtungsversuchen. Die Kreuzungen mit Formen von Phyllocactus-Hybriden führen dagegen leicht

Über Selbststerilität und Selbstfertilität bei gärtnerischen Kulturpflanzen. 19

zum Fruchtansatz. Auch in reziproker Weise waren solche von Erfolg begleitet. Die Früchte enthielten im Durchschnitt 750 mg Samen. Wiederholt ist infolge der Fruktifikation eine starke Erschöpfung der Pflanzen, die sich in einer Turgorverminderung äußerte, beobachtet worden. Die Frucht selbst blieb hiervon bis zur Reife verschont.

Cereus speciosus K. Schum., in der Blüte den Phyllocacteen sehr ähnlich, hat sich gleichfalls als selbststeril erwiesen, fertil dagegen mit Phyllocactus.

Oenotheraceae.
Godetia amoena Lilja hybr.

Selbstfertilität ist stark ausgeprägt; spontane Autogamie dagegen erschwert, da die Antheren den Blütenstaub zur Zeit der Narbenreife — die 4 Griffelästchen müssen sich erst entfaltet haben — bereits ausgestreut haben. Die Samenproduktion der selbstbestäubten Blüten ist im Vergleich mit den gekreuzten geringer, doch sind die Unterschiede zum großen Teil auf die wechselnde Größe der Früchte zurückzuführen. Sie nimmt in akropetaler Folge stark ab.

Godetia amoena Lilja hybr.

	Zahl der beobachteten Blüten	Fruchtansätze	Samengewicht insgesamt mg	je Frucht mg
a) Gekreuzt	35	34	1880	55
b) Geselbstet ...	24	24	870	36
c) Spont. geselbstet	30	—	—	—

Abb. 11. Begonia Rex Putz hybr. F_1.

Der Vergleich der Generation aus Kreuzung mit derjenigen aus Inzucht zeigte lange Zeit keinen merklichen Unterschied. Im Pflanzengewicht war er später nur gering. Das Verhältnis betrug 100:96. Betrachtet man die Samengewichte, so müßte er erfahrungsgemäß größer sein.

Primulaceae.

Primula sinensis Lindl. hybr.

Fast alle Arten von Primula sind heterostyl, so auch diese schöne Art unserer Gewächshäuser. Zum Versuch diente die rosablühende und großblumige Form „Morgenröte". Die zur Kreuzung auserwählten Pflanzen waren longistyl und wurden daher ausnahmsweise nicht kastriert. Die selbstbestäubten waren brevistyl und wurden illegitim befruchtet. Ob spontane Selbstbefruchtung vorkommt — bei kurzgriffeligen Blüten wäre das möglich, wenn sie auf irgendeine Weise bewegt

Abb. 12. Primula sinensis Lindl. hybr. „Morgenröte" F_1.

werden — konnte nicht mit Bestimmtheit festgestellt werden. Aber auch bei der anderen Form ist sie denkbar, wenn z. B. die verblüte abfallende Blumenkrone mit den in der Mitte angehefteten Staubgefäßen an der Narbe vorbeistreicht.

Die Samenerzeugung der legitim gekreuzten Pflanzen war höher als die der illegitim selbstbefruchteten und zwar in einem Verhältnis wie 100:62.

Primula sinensis Lindl. hybr.

	Zahl der beobachteten Blüten	Fruchtansätze	Samengewicht insgesamt mg	je Frucht mg
a) Gekreuzt	5	5	360	72
b) Geselbstet . . .	12	12	580	48

a:b = 100:67

Unter den Sämlingen war in den ersten Wochen kein Unterschied festzustellen. Allmählich hoben sich aber die Kreuzungspflanzen von den anderen sichtlich — wenn auch nicht im hohen Maße — ab. Am stärksten zeigte sich der Unterschied während der Blütezeit. 5 Kreuzungspflanzen blühten vor den Pflanzen der anderen Gruppe. Sie erzeugten auch sichtbar größere Blütendolden als die Inzuchtsgeneration. Auch *Darwin* fand ähnliche Verhältnisse bei seinen Primula sinensis-Versuchen[11]. Die Kreuzungspflanzen erlitten infolge stärkeren Wachstums vor den anderen Nahrungsmangel und verloren die unteren Blätter. Als nun gegen Ende der Blütezeit die Gewichtsprobe gemacht wurde, zeigte sich, daß die noch nicht so stark unter Nahrungsmangel leidenden Inzuchtspflanzen jetzt etwas schwerer waren als die anderen. Sie wogen durchschnittlich 40,9 g, die aus Kreuzung dagegen nur 40 g.

Primula malacoides Franch.

Diese Pflanze wird in den letzten Jahren häufiger kultiviert als früher. Sie ist offenbar völlig selbststeril. Es wurden an 5 Pflanzen Selbstbefruchtungsversuche vorgenommen. Ein Fruchtansatz war bei der Kreuzung in jedem Falle leicht zu erzielen. Da die Blüten in mehreren Quirlen übereinander stehen, wurden jeweils sämtliche Narben einzelner Quirle fremdbestäubt. Dies geschah mit Erfolg. Von 67 Blüten wurden 65 Kapseln geerntet, während die mit eigenem Pollen belegten Blüten keinen Samen ansetzten.

Abb. 13. Primula malacoides Franch. 3 Quirle, deren Blüten gekreuzt wurden, haben Samen angesetzt, die übrigen blieben bei Selbstung steril.

Cyclamen persicum Mill. var. purpureum.

Die protandrische Blüte setzt, mit eigenem Pollen bestäubt, willig Samen an. Nach *Darwin*s Beobachtungen soll bei C. persicum spontane Selbstbestäubung nicht stattfinden[11]. Seine Untersuchungen zeigten eine starke Inferiorität der aus Selbstbefruchtung hervorgegangenen Sämlinge.

Solanaceae.
Nicandra physaloides Gaertn.

Die im Vergleich mit anderen Einjahrsblumen wenig ansprechende Blüte ist bereits in einem sehr frühen Stadium protandrisch. Kastration ist daher rechtzeitig nötig und muß mit Vorsicht ausgeübt werden. Ragt die geschlossene Blumenkrone nur 3—4 mm aus dem Hüllkelch heraus, dann ist bereits ein Platzen der Antheren zu bemerken. Am zweckmäßigsten ist örtliche Isolation, da unter Pergamintüten ein Vergeilen der Triebe und Abfallen der Knospen bei sonniger Witterung die Regel sind.

Diese Pflanze ist im hohen Grade selbstfertil. Die Wüchsigkeit läßt bei Inzucht merklich nach. Auch die Samenproduktion wird bei Selbstbefruchtung eingeschränkt.

Nicandra physaloides Gaertn.

	Zahl der beobachteten Blüten	Fruchtansätze	Samengewicht insgesamt mg	je Frucht mg
a) Gekreuzt	20	10	3100	310
b) Geselbstet . . .	4	3	830	277
c) Spont. geselbstet	20	11	1940	176

Abb. 14. Nicandra physaloides Gaertn. F_1.

Vergleicht man die Samenmenge der Früchte aus Kreuzung mit der aus spontaner Selbstbefruchtung, so erhält man ein Verhältnis von 100:57; in der nächsten Generation war die Differenz nicht viel größer (100:56).

Es wurden 2 Inzuchtsgenerationen gezogen, die ein starkes Nachlassen der Lebenskraft zeigten. Die Kreuzungspflanzen, mit F_1 aus Inzucht verglichen, gaben ein Verhältnis von 100:64, bei F_2 sogar nur ein solches von 100:57.

Bei der Einzelkultur einer Reihe von Sämlingen in Töpfen ergab sich eine Parallele zu der bereits bei Primula sinensis gemachten Beobachtung. Nachdem die Kreuzungspflanzen den Erdballen durchwurzelt hatten, zeigten sie merklichen Nahrungsmangel. Das war bei

Über Selbststerilität und Selbstfertilität bei gärtnerischen Kulturpflanzen. 23

den schwächeren Inzuchtspflanzen noch lange nicht der Fall. Die Pflanzen aus Kreuzung wurden nun allmählich gelb und warfen einen Teil der Blätter ab. Die Inzuchtspflanzen sahen diesen gegenüber erheblich kräftiger aus, so daß das Gewichtsverhältnis der Pflanzen umschlug.

Eine 3. Generation aus Inzucht wurde ohne Vergleich im Laufe des Winters im Gewächshause herangezogen. Obwohl die Pflanzen reichlich Nahrung hatten, stellten sie bei einer Höhe von kaum 5 cm bereits das Blattwachstum erheblich ein und begannen statt dessen reichlich Blüten zu erzeugen.

Solanum lycopersicum L.

Die Tomate ist protandrisch und spontan selbstfertil. Das Samengewicht aus Kreuzung ist höher als das aus Selbstbefruchtung. Ebenfalls sind Wachstum und Fruchtbehang bei Kreuzung besser als bei Inzuchtspflanzen. Gekreuzt wurde die Sorte „König Humbert" mit „Goldball".

Solanum lycopersicum L.

	Zahl der beobachteten Blüten	Fruchtansätze	Samengewicht insgesamt mg	je Frucht mg
a) Gekreuzt	8	7	2170	310
b) Geselbstet ...	8	7	1550	221
c) Spont. geselbstet	16	11	1645	150

Die aus der Kreuzung hervorgegangenen Sämlinge hatten von Beginn an einen kleinen Vorsprung, der bei der Topfkultur infolge des starken Nahrstoffbedürfnisses der Tomate aber später verwischt wurde.

Datura metel L.

Infolge größerer Wärmebedürftigkeit kamen die im freien Lande ausgesetzten Pflanzen erst in späterer Jahreszeit zur Blüte. Sie erwiesen sich als selbstfertil. Ob spontane Autogamie möglich ist, wurde nicht geprüft, doch kann solche, verglichen mit anderen Spezies, sehr wohl möglich sein. Die untersuchten Pflanzen wurden am 4. VIII. 1927 bestäubt, die Samen am 21. X. desselben Jahres geerntet.

Datura metel L.

	Zahl der beobachteten Blüten	Fruchtansätze	Samengewicht insgesamt mg	je Frucht mg
a) Gekreuzt	4	3	5000	1667
b) Geselbstet ...	5	4	5630	1408

Weit größer, am Samengewicht gemessen, war der Unterschied im Wachstum der Pflanzen. Bei sämtlichen Versuchen ist kaum ein so krasser Unterschied bemerkt worden wie in diesem Falle. Der Keimvorgang und das Jugendwachstum waren in beiden Gruppen nicht so verschieden, daß man in der späteren Kulturzeit einen derartigen Unterschied erwarten sollte. Da bereits die für den Kreuzungsversuch dienenden Pflanzen im Wachstum sehr voneinander abwichen und wegen der an den Pflanzen nur vereinzelt geöffneten Blüten Staffeln nicht gebildet werden konnten, ist die Möglichkeit nicht von der Hand zu weisen, daß die kleineren Pflanzen des Beetes bereits aus Inzucht entstanden waren und die Früchte zum Teil von solchen stammten. Demnach ist die legitime erste Inzuchtsgeneration wahrscheinlich schon die zweite.

Wie aus der Abb. 15 ersichtlich, sind die Pflanzen aus Kreuzung zum Teil auch in den unteren Teilen noch belaubt. Das traf für diejenigen aus Inzucht nicht mehr in dem Maße zu. Auffallend war ferner, daß die aus Kreuzung entstandenen Pflanzen willig ihre Knospen zum

Abb. 15. Datura metel L. F_1.

Erblühen brachten, während die der anderen schon in einem sehr jugendlichen Stadium unentwickelt abfielen. Ein Gewichtsvergleich war nicht möglich, da die Inzuchtsgeneration weiter kultiviert wurde. Sie sind zur Zeit in einem Gewächshause aufgestellt, um abzuwarten, ob sie in der nächstfolgenden Kulturperiode zu bewegen sind, williger Früchte zur Entwicklung zu bringen. Es wurde bisher nur eine einzige ausgebildet, die bei Selbstbestäubung nur 205 mg Samen erzeugte.

D. Stramonium L., auch *D. St. L. var. purpurea* sind spontan autogam.

Nicotiana affinis T. Moore.

Obwohl andere Tabakarten weitgehend selbstfertil sind, liegt hier ein Fall vollständiger Selbststerilität vor. Für den Versuch standen nur 2 Pflanzen zur Verfügung. Jede wurde daher, da sie reich verzweigt war, nach den drei üblichen Richtungen hin untersucht. Durch Kreuzung, auch reziprok, wurde bei jeder Blüte vollkommener Samenansatz erzielt. Negativ verliefen aber alle Selbstbefruchtungsversuche. Da die Pflanzen örtlich getrennt waren, konnte eine spontane Kreuzung durch Schwärmer, nur solche kämen wegen der langen Blumenkronröhre als Bestäuber in Frage, wohl nicht vorgenommen werden. Während des Sommers ist keine Frucht spontan entstanden.

Nicotiana tabacum L.

„Diese Pflanze bietet einen merkwürdigen Fall dar." Mit diesen Worten beginnt *Darwin* in seinem Werk: „Die Wirkungen der Selbst- und Kreuzbefruchtung im Pflanzenreich" den Bericht über seine Erfahrungen mit N. tabacum. *Darwins* Beobachtungen in bezug auf die Samenproduktion konnten vollkommen bestätigt werden. Er hatte 12 Blüten gekreuzt und erntete 10 Kapseln. 12 selbstbestäubte produzierten 11 Früchte. Die Samenkörner in den 10 Kapseln aus Kreuzung wogen 31,7 Gran, die anderen 47,67 Gran, d. i. ein Verhältnis wie 100:150.

Die vorliegenden Versuche ergaben folgende Zahlen:

Nicotiana tabacum L.

	Zahl der beobachteten Blüten	Fruchtansätze	Samengewicht insgesamt mg	je Frucht mg
a) Gekreuzt	17	9	395	44
b) Geselbstet . . .	12	12	2440	203
c) Spont. geselbstet	14	13	1300	100

Das Samengewicht der spontan bestäubten Blüten übertraf somit das der gekreuzten bei weitem, und noch höher war es bei den künstlich selbstbestäubten. Die Differenz war nach diesem Ergebnis noch erheblich größer als die von *Darwin* gefundene. Vegetationsversuche liegen leider nicht vor. Die Untersuchungen *Darwins*, die in mehreren Generationen durchgeführt wurden, zeigten eine gewisse Analogie zu obigen Zahlen. In mehreren Generationen übertrafen auch hier sonderbarerweise die Pflanzen aus Selbstbefruchtung diejenigen aus Kreuzung. Diese Ergebnisse führten *Darwin* zu der Annahme, daß eine Reihe von Individuen der vorliegenden Art in ihrer geschlechtlichen Affinität verschieden sei, ähnlich verwandten Spezies derselben Gattung. Wenn demzufolge Pflanzen, die in dieser Weise voneinander abwichen, gekreuzt werden, so würden die Sämlinge ungünstig beeinflußt und von Pflanzen aus Selbstbefruchtung, bei denen die Sexualelemente ebenso beschaffen sind, übertroffen.

Nicotiana rustica L.

In bezug auf den Samenertrag konnte hier der gleiche Fall festgestellt werden:

Nicotiana rustica L.

	Zahl der beobachteten Blüten	Fruchtansätze	Samengewicht insgesamt mg	je Frucht mg
a) Gekreuzt	10	6	320	53
b) Geselbstet . . .	23	23	2750	120
c) Spont. geselbstet	26	26	2675	103

Pflanzen der nächsten Generation, die nebeneinander kultiviert wurden, zeigten lange keinen Unterschied im Wachstum. Gegen Ende der Vegetationszeit übertrafen die aus Selbstbefruchtung um etliches

Abb. 16. Browallia speciosa Hook. var. major Hort. F_1.

die anderen. Durch einen Frühfrost wurden die Pflanzen vorzeitig vernichtet, so daß der Gewichtsunterschied nicht festgelegt werden konnte.

Browallia speciosa Hook. var. major Hort.

In Gewächshäusern ist diese winterblühende Pflanze noch recht selten anzutreffen. Sie ist selbstfruchtbar, setzt aber verhältnismäßig wenig Samenkapseln an, da die Narben nach dem Pollen reifen. Eine Vergleichssaat zeigte, daß sich eine Kreuzung sehr vorteilhaft auswirkt. Schon die jungen aus Fremdbestäubung hervorgegangenen Sämlinge waren den anderen an Größe weit überlegen. Das Samengewicht war nicht in dem hohen Maße verschieden. Dem Vorauseilen der aus Kreuzbefruchtung hervorgegangenen Pflanzen folgte auch eine frühere Blüte.

Über Selbststerilität und Selbstfertilität bei gärtnerischen Kulturpflanzen. 27

Eine Messung des Höhenunterschiedes ergab um diese Zeit ein Verhältnis von 100:82; später glichen sich diese Zahlen aus, bewirkt durch den früheren Nahrstoffmangel der lebenskräftigeren Gruppe.

Neben einer weiteren Selbstbefruchtung der Inzuchtsgeneration wurde auch eine Kreuzung unter den Geschwistern aus Inzucht vorgenommen. Ein besonderer Vorteil scheint aus dieser Geschwisterkreuzung nicht erwachsen zu sein. Ein Teil der Samen war nicht keimfähig. Dieses ist wohl auf eine zu geringe Reife zurückzuführen; es ist oft schwer, bei dem späten Blühen der Inzuchtspflanzen eine Bestäubung so zeitig vorzunehmen, daß ein volles Ausreifen der Samen unter

Abb. 17. Browallia speciosa Hook. var. major Hort. F_1. Die Pflanzen aus Kreuzung blühen früher.

geeigneten Temperatur- und Witterungsverhältnissen stattfinden kann. Solche Versuche müßten daher frühzeitig im Jahre begonnen werden.

Petunia hybr. Hort. var. marginata.

Die Blüten dieser Varietät haben eine rötlich-violette Grundfarbe. Der stark gewellte Blütenrand ist vergrünt. Die Blüten sind protandrisch und mit eigenem Blütenstaub fruchtbar. Spontane Autogamie ist nicht beobachtet worden. Die Antheren stäuben gewöhnlich zur Zeit der Narbenreife nur noch gering. Die erste Generation aus Selbstbestäubung zeigte von vornherein ein kümmerliches Aussehen. Die Pflanzen waren ungleich in der Größe und hatten gelbliche, scheinbar wenig Chlorophyll führende Blätter. Dieser Zustand änderte sich auch in der späteren Zeit nicht mehr. Gewichtsmäßig verglichen, standen sie zueinander wie 100:78.

Man konnte annehmen, daß die nächste Inzuchtsgeneration noch erheblich mehr geschädigt werden würde. Diese Erwartung traf nicht voll ein. Vorausgeschickt muß zunächst werden, daß aus der ersten Inzuchtsgeneration 10 Pflanzen herausgenommen wurden, von denen ein Teil der Blüten mit Pollen derselben Pflanze, ein anderer mit solchem einer Geschwisterpflanze bestäubt wurde. Ein Vorteil in bezug auf die *Samenproduktion* ist aus der letzten Handhabung nicht entstanden. Das zeigt treffend die nachfolgende Tabelle:

	Samengewicht je Kapsel mg
F_1 aus Kreuzung	24
F_1 ,, Inzucht	11
F_2 ,, ,,	5
F_2 ,, Geschwisterkreuzung	6

In beiden Gruppen waren Samenkapseln vorhanden, deren Inhalt stark geschrumpft war. Die Aussaat ergab dann auch, daß die Samen dieser nicht mehr lebensfähig waren. Die aus den anderen entstandenen Sämlinge unterschieden sich in der ersten Zeit nicht von den Kreuzungspflanzen. Später blieben sie jedoch im Wachstum zurück. Ein Gewichtsvergleich ergab folgende Zahlen. Die Kreuzungspflanzen wurden zu 100 gesetzt.

	Pflanzen	
aus Kreuzung	aus Geschwisterkreuzung	aus weiterer Inzucht
100	72	71

Salpiglossis variabilis Hort. var. *superbissimus*.

Selbstbestäubung führt zum Fruchtansatz; auch spontan entstehen gelegentlich Samenkapseln. Kreuzung bewirkt größere Samenproduktion. Gekreuzte Blüten brachten im Durchschnitt 46 mg, selbstbefruchtete nur 34 mg Samen. Das Wachstum der einzelnen Sämlinge aus Kreuz- sowohl als auch aus Selbstbefruchtung war anfangs wenig ausgeglichen. In einem späteren Stadium waren sie sich jedoch viel ähnlicher, so daß offenbar kein Unterschied vorhanden war. Dem Gewicht nach war die Inzuchtsgeneration wenig zurückgeblieben, so daß sich das gegenseitige Verhalten wie 100:98 verhält.

Um festzustellen, ob Nachkommen aus Geschwisterkreuzung einer weiteren Generation aus Selbstbefruchtung überlegen sein werden, wurden an jeder von 10 Pflanzen einige Blüten mit eigenem bzw. mit fremden Pollen bestäubt. Es trat jetzt ein absonderlicher Fall ein. Die Samengewichte übertrafen in beiden Fällen diejenigen der Elterngenerationen. Die aus Kreuzbefruchtung entstandenen Kapseln brachten im Mittel 62 (46) mg, diejenigen aus nochmaliger Selbstbestäubung 38 (34) mg.

Im Frühjahr 1929 wurden nun miteinander verglichen:

1. Jungpflanzen aus Samen einer Kreuzbefruchtung des Jahres 1927 . . . (F_1)
2. ,, ,, ,, von Gesch.-Kreuzung d. Inzuchtsgen. . . . . (F_2)
3. ,, ,, ,, von weiterer Inzucht der Inzuchtsgen. . . . . (F_2)

Schon die Keimung zeigte ein erfahrungsgemäß zu erwartendes Ergebnis. Es keimten die Samen der 2. Gruppe infolge des anscheinend größeren Einzelkorngewichtes auffallend gut und schnell, diejenigen der Gruppe 3 zeigten weniger Lebenskraft, namentlich diese letzten keimten zu einem wesentlich geringeren Prozentsatz und wiesen im Hypocotyl nur etwa die halbe Länge auf.

Schizanthus wisetonensis Hort.

Die Reichblütigkeit dieser Pflanze gab Veranlassung, sie in die Versuche mit einzubeziehen. Sch. wird als wohlfeile Topfpflanze nicht selten in Gewächshäusern gezogen, obwohl ihr als Einjahrsblume die Verhältnisse im Freien besser zusagen. Als Immenblume ist sie auf den Insektenbesuch besonders eingestellt. Sie ist im Gewächshause im hohen Maße steril. Spontane Autogamie ist wohl ausgeschlossen, da der nach oben gebogene Griffel die Antheren weit überragt. Selbst bei Kreuzung im Gewächshause ist der Fruchtansatz einzelner Pflanzen gering. Von 83 gekreuzten Blüten wurden nur 24 Früchtchen geerntet, die insgesamt 150 mg Samen brachten. 101 Blüte wurden mit eigenem Pollen belegt; dieser ist mit der Narbe gleichzeitig reif. Das Ergebnis war 1 Frucht mit 9 Samen.

Es wäre zu prüfen, ob die Befruchtungsverhältnisse im Freien besser sind. Örtliche Isolierung ist am zweckmäßigsten, da bei Abschluß mittelst Pergamintüten ähnliche Verhältnisse geschaffen werden wie in einem Gewächshause.

Scrophulariaceae.
Verbascum phoeniceum L.

Diese Scrophulariacee scheint bei uns völlig selbststeril zu sein, während sie bei Kreuzung reichlich Samen ansetzt. 29 Blüten brachten 25 Samenkapseln mit einem Samengewicht von insgesamt 395 mg. Unter 125 isolierten Blüten wurden 9 beobachtet, die eine geringe Neigung zur Fruchtbildung hatten. Zum Samenansatz ist es jedoch nicht gekommen.

Ohne Insektenhilfe ist eine Bestäubung kaum möglich. Spontane Selbstbestäubung, die, wie bemerkt, zwar wirkungslos bleibt, könnte nur dann eintreten, wenn die Antheren der verwelkten Blumenkrone beim Abfallen an der Narbe vorbeistreichen. *Kölreuter*[11] kreuzte V. phoeniceum erfolgreich mit anderen Spezies. Es scheinen nach *Scott*[11] aber auch autogame Pflanzen aufzutreten. Dasselbe fand *Gärtner* bei dem sonst sterilen V. nigrum L.

Celsia arcturus Jacq.

Im Blütenbau ist diese Scrophulariacee dem Verbascum phoeniceum gleich. Unterschieden ist sie jedoch durch die Selbstfertilität. Spontane Autogamie ist aber auch wie bei Verbascum phoeniceum infolge der Stellung des Griffels ausgeschlossen. Die Samenerzeugung geht bei Selbstbefruchtung zurück.

Celsia arcturus Jacq.

	Zahl der beobachteten Blüten	Fruchtansätze	Samengewicht insgesamt mg	je Frucht mg
a) Gekreuzt	50	37	395	11
b) Geselbstet . . .	37	26	145	6
c) Spont. geselbstet	32	—	—	—

a : b = 100 : 55

Pentastemon pulchellus Lindl.

Selbstbestäubung führt zur Samenentwicklung. Spontane Autogamie ist bis zu einem gewissen Grade möglich. Samen aus Kreuzung bzw. Selbstbestäubung wurden in etwa gleichem Abstande zur Aussaat gebracht. Infolge Zeitmangels mußten beide Gefäße sich selbst überlassen werden. Bei diesem Wettbewerb zeigten sich die aus Kreuzbefruchtung entstandenen bei weitem lebenskräftiger.

Pentastemon pulchellus Lindl.

	Zahl der beobachteten Blüten	Fruchtansätze	Samengewicht insgesamt mg	je Frucht mg
a) Gekreuzt	10	10	390	39
b) Geselbstet . . .	21	13	150	12
c) Spont. geselbstet	41	28	215	8

a : b = 100 : 31

In bezug auf die Befruchtungsverhältnisse verhält sich *P. Hartwegi Benth. hybr. grandifl.* ähnlich. Ein Vergleich zwischen Kreuzungs- und Inzuchtspflanzen ergab bei der ersten Gruppe einen kleinen Vorsprung, der sich aber in der späteren Kultur ausglich.

Mimulus cardinalis Dougl.

Dieses für die Bepflanzung von Blumenbeeten verwendete Gewächs ist bei Überwinterung im Kalthause ausdauernd, wird aber gewöhnlich alljährlich erneut aus Samen herangezogen. Selbstfruchtbarkeit ist stark ausgeprägt. Die Samenproduktion der gekreuzten sowohl als auch der geselbsteten Blüten kann ebenfalls als sehr gut bezeichnet werden. Sie sind protandrisch und können in wenig entwickeltem Stadium ohne Schaden kastriert werden. Die Antheren entlassen reichlich Pollen und können mit der Narbe leicht in Berührung kommen. Die Blüte ist für die Befruchtung durch Insekten besonders angepaßt. Wird nämlich das zweilippige Stigma von solchen berührt, so machen die reizbaren Lippen eine zangenartige Bewegung und entnehmen dem Rücken der Insekten einen Teil des zugetragenen Blütenstaubes.

Über Selbststerilität und Selbstfertilität bei gärtnerischen Kulturpflanzen.

Mimulus cardinalis Dougl.

	Zahl der beobachteten Blüten	Fruchtansätze	Samengewicht insgesamt mg	je Frucht mg
a) Gekreuzt....	16	16	760	48
b) Geselbstet ...	9	9	275	31
c) Spont. geselbstet	26	16	335	21

Abb. 18. Pentastemon pulchellus Lindl. F_1.

Torenia Fournieri Lindl.

Im Blütenbau dieser Pflanze ist Ähnlichkeit mit der Gattung Mimulus vorhanden. Die Narben sind in gleicher Weise reizbar. Selbstfruchtbarkeit ist vorhanden, spontane Eigenbestäubung kommt vor.

Die erste Generation aus Inzucht zeigte sich den Vergleichspflanzen gegenüber nur wenig geschwächt. Die Gewichtsrelation betrug 100:92.

Erheblich stärker machten sich die Inzuchtserscheinungen in der F_2-Generation aus Selbstbefruchtung geltend. Der größte Teil der Pflanzen wurde durch Pythium de Baryanum vernichtet. Von 56 Pflanzen gingen 48 vorzeitig zugrunde, während aus der Gruppe der durch Kreuzung entstandenen nur 8 im jüngeren Stadium abstarben. Auch sie waren durch den Pilz infiziert. Die restlichen Sämlinge der F_2-Generation aus Inzucht blieben den Vergleichspflanzen im Wachstum erheblich nach. Die Blüten zeigten stark verkümmerte Antheren und enthielten zum Teil nur wenig Pollen. Auch die Narben waren schlecht ausgebildet. Ein Teil der Blüten wurde nun wiederum mit eigenem Pollen bestäubt, ein anderer mit solchem von Geschwisterpflanzen. Der Samenertrag war in beiden Fällen äußerst gering und je Kapsel völlig gleich. Die Samen selbst waren sehr klein.

Abb. 19. Torenia Fournieri Lindl. F_2.

		Samengewicht je Kapsel mg
F_1 aus Kreuzung		26
F_1 ,, Inzucht		23
F_2 ,, ,,		13
F_3 ,, ,,		6
F_3 ,, Geschwisterkreuzung		6

Nemesia strumosa Benth. hybr.

Selbststerilität ist stark ausgeprägt. Die Blüte ist sehr kurzgriffelig, so daß die Narbe leicht mit dem Pollen in Berührung kommt. Bei Kreuzbestäubung hatten von 28 Blüten alle bis auf eine willig Samen angesetzt; 17 selbstbefruchtete dagegen erzeugten keine Kapseln. Es wurden ferner 257 Blüten unter einer nicht fest verschlossenen Tüte — Nemesia verträgt den Luftabschluß nicht — beobachtet. Das Ergebnis

Über Selbststerilität und Selbstfertilität bei gärtnerischen Kulturpflanzen. 33

einer spontanen Selbstbefruchtung — eine solche liegt wahrscheinlich vor — waren 8 Früchte, von denen jedoch nur 3 normale Größe besaßen.

Digitalis purpurea L. var. gloxiniaeflora.

Wie alle Digitalisarten, so ist auch wohl diese in Ziergärten stark verbreitete Varietät protandrisch. Es sind 4 Staubgefäße vorhanden, von denen die beiden oberen die unteren an Länge übertreffen. Eine Befruchtung ist erst nach Öffnung der zweispaltigen Narbe möglich. Für den Versuch dienten 10 Pflanzen, von denen die mittleren Blüten einer Traube ausgewählt wurden. Diejenigen, die nicht dem Versuch dienen sollten, wurden entfernt. Es wurde folgendes Ergebnis erzielt:

Digitalis purpurea L. var. gloxiniaeflora.

	Zahl der beobachteten Blüten	Fruchtansätze	Samengewicht insgesamt mg	je Frucht mg
a) Gekreuzt	23	22	2415	105
b) Geselbstet . . .	42	36	1875	52
c) Spont. geselbstet	31	—	—	—

a : b = 100 : 50

Bei Insektenabschluß — als Bestäuber kamen hauptsächlich Hummeln in Frage — ist eine Befruchtung fast unmöglich. Die aus Selbstung hervorgegangenen Kapseln enthielten zum Teil eine große Zahl unvollkommen entwickelter Samen. Ähnliche Verhältnisse fand *Darwin*. Nach seinen Angaben ist auch die Stammart ohne Insektenhilfe äußerst steril. Auch sonstige Inzuchtserscheinungen zeigten sich in gleicher Weise. Die Priorität der aus Kreuzung entstandenen Pflanzen ist sehr erheblich. Bereits bei der Aussaat fällt es auf, daß die Samen aus Inzucht bedeutend später zu keimen beginnen.

Ein gleicher Fall ist bereits bei Lychnis coronaria erwähnt worden. Es keimten die Samen der Inzuchts-F_1-Generation 5 Tage, die der F_2 7 Tage später. Daher ist es leicht erklärlich, daß die Pflanzen aus Kreuzbefruchtung den anderen an Schnellwüchsigkeit weit überlegen waren. Als Maßstab wurde bei Digitalis das augenscheinlich größte Blatt gewählt. Es ergab sich folgendes Verhältnis:

Blattbreite der Kreuzungspflanzen betrug im Mittel 8,6 cm
„ „ Inzuchtspflanzen „ „ „ 7,3 „

Die F_2-Generation aus Selbstung zeigte noch eine größere Differenz. Da infolge später Samenreife der Inzuchtspflanzen die Aussaat erst in vorgerückterer Jahreszeit vorgenommen werden konnte, wurden die Pflanzen während des Winters im Kalthause weiterkultiviert, in der Hoffnung, daß ein größerer Teil zum Frühjahr blühfähig würde. Wie aber früher in der Praxis beobachtet, haben solche Pflanzen die Neigung zum Blühen verloren, wenn sie während des Winters nicht dem Frost ausgesetzt werden. Von sämtlichen Inzuchtspflanzen blühte in der F_1-Generation nur 1 Pflanze, aus deren Samen die F_2-Generation gezogen wurde. Bei gleicher Behandlung blühte diesmal von der letzten keine Pflanze.

Digitalis lanata Ehrh.

Da sich auch bei dieser Art die Blüten in akropetaler Folge öffnen, wurden nur die unteren eines Blütenstandes für den Versuch verwendet und der Rest durch Abschneiden entfernt. Selbstbestäubung führte zu einem verhältnismäßig guten Samenansatz. Spontane Autogamie kann nur gelegentlich eintreten. Das gleiche gilt für *Digitalis lutea L.*

Digitalis lanata Ehrh.

	Zahl der beobachteten Blüten	Fruchtansätze	Samengewicht insgesamt mg	je Frucht mg
a) Gekreuzt	20	20	1835	92
b) Geselbstet . . .	29	29	2160	76
c) Spont. geselbstet	34	18	235	13

a:b = 100:83

Digitalis lutea L.

	Zahl der beobachteten Blüten	Fruchtansätze	Samengewicht insgesamt mg	je Frucht mg
a) Gekreuzt	29	27	640	24
b) Geselbstet . . .	72	60	1105	18
c) Spont. geselbstet	64	19	160	8

a:b = 100:75

Gensneriaceae.

Streptocarpus hybridus Hort.

Keine Pflanze aus der Reihe der vorliegenden Versuche hat eine derartig hohe Inzuchtsempfänglichkeit gezeigt wie gerade diese Gesneriacee. Selbstbestäubung und Eigenbefruchtung sind möglich; doch führt letzte zu einer Generation, die alle typischen Merkmale einer weitgehenden Entartung aufweisen. Die Samen aus Inzucht waren bedeutend kleiner und heller in der Farbe. Das Samengewicht von Früchten gleicher Größe erreichte weniger als ein Drittel des normalen. Die für den Versuch verwendeten Samen stammen sämtlich von einer Pflanze, bilden also eine Staffel. Die Sämlinge standen bereits im ersten Lebensstadium denjenigen aus Kreuzung ungeheuer nach. Erst später schickten sie sich an, den Vorsprung der anderen ein wenig nachzuholen. Ein Gewichtsvergleich der Pflanzen ergab ein Verhältnis von 100:32.

Streptocarpus hybridus Hort.

	Zahl der beobachteten Blüten	Fruchtansätze	Samengewicht insgesamt mg	je Frucht mg
a) Gekreuzt	5	5	200	40
b) Geselbstet . . .	5	5	75	15
c) Spont. geselbstet	10	2	27	14

a:b = 100:38

Über Selbststerilität und Selbstfertilität bei gärtnerischen Kulturpflanzen. 35

Auffallend war im späteren Stadium das monströse Blattwachstum der Inzuchtspflanzen. Analog war auch die Ausbildung der Blüten. Sie zeigten häufig eine Vergrünung der Blumenkrone und waren oft

Abb. 20. Streptocarpus hybridus Hort. F_1.

Abb. 21. Streptocarpus hybridus Hort. F_1.

zerschlitzt. Die Antheren waren ebenfalls zurückgebildet und enthielten oft nur wenig oder keinen Pollen. Da die Narben noch verhältnismäßig gut entwickelt waren, wurde versucht, eine weitere Inzuchtsgeneration durch Eigenbestäubung und eine solche aus Geschwister-

3*

Abb. 22. Streptocarpus hybridus Hort. F_1.

kreuzung zu erzielen. Dieser Versuch schlug völlig fehl. Es kam zum Teil nur bei der einen als auch bei der anderen Gruppe zur Weiterentwicklung der Fruchtknoten, doch brachten sie keinen keimfähigen Samen hervor. Eine Kreuzung der Inzuchtsgeschwister zeigte somit keinen Vorteil.

Sinningia speciosa Benth. et Hook.

Die Versuchspflanze ist unter dem Namen „Gloxinie" besser bekannt. Gewählt wurde die Sorte „Kaiser Wilhelm". Die Gloxinien sind protandrisch. Die Antheren, die von den Filamenten allseitig gestützt werden, befinden sich in der Mitte der Blumenkrone. Wächst nun der Griffel während des Blühvorganges, so berührt er nicht selten die über der Narbe stehenden Antheren, so daß spontane Selbstbefruchtung eintreten kann. Diese hat sich im hohen Maße als schädigend erwiesen. Die Sämlinge aus Inzucht stehen denjenigen aus Kreuzung erheblich nach und kommen ganz bedeutend später zur Blüte. Ein frühzeitiges Blühen ist aber in gärtnerischen Kulturen sehr erwünscht, da mit einer längeren Pflegezeit die Unkosten steigen und dementsprechend die Rente sinken muß. Von der Aussaat bis zur ersten Blüte gebrauchten die Pflanzen aus Kreuzbefruchtung 150—155 Tage, die aus Inzucht hervorgegangenen dagegen 165—170 Tage. Im übrigen waren Blüten und Blätter entgegen der Beobachtung bei Streptocarpus normal ausgebildet. Die Samenproduktion nimmt bei Inzucht ab. Auch dieser Punkt ist bei so hochwertigem Saatgut, wie es die Gloxinien liefern, von großer Wichtigkeit. Es wird z. B. im Jahre 1929 das Gramm dieser Sorte — und diese Menge kann von dieser Pflanze bequem erzeugt werden — mit 16.— RM. gehandelt.

Sinningia speciosa Benth. et Hook.

	Zahl der beobachteten Blüten	Frucht- ansätze	Samengewicht insgesamt mg	Samengewicht je Frucht mg
a) Gekreuzt	11	9	1080	120
b) Geselbstet . . .	7	7	740	106
c) Spont. geselbstet	23	8	690	86

a:b = 100:88

Abb. 23. Sinningia speciosa Benth. et Hook. F_1.

Einen Maßstab für den Entwicklungsunterschied der Pflanzen gab auch das Knollengewicht. Es betrug im Mittel

bei Kreuzungspflanzen . . . . . 17,4 g
„ Inzuchtspflanzen . . . . . . 15,5 g

Um festzustellen, ob Geschwisterkreuzung eine Regeneration herbeiführe, wurde folgender Vergleichsversuch eingeleitet. Ein Teil der Blüten von 10 Pflanzen aus Inzucht wurden mit eigenem Pollen bestäubt, ein anderer mit solchem einer Geschwisterpflanze. Der Fruchtansatz ließ bei beiden Gruppen sehr zu wünschen übrig. Die Größe der Kapseln blieb weit hinter der normalen zurück. 2 Pflanzen zeigten keinen Samenansatz. Das durchschnittliche Samengewicht betrug bei

Abb. 24. Sinningia speciosa Benth. et Hook. F_1.

Abb. 25. Sinningia speciosa Benth. et Hook. F_1.

Kapseln aus Geschwisterkreuzung 21 mg, aus weiterer Selbstbefruchtung 17 mg. Der größte Teil der Samen zeigte eine starke Runzelung, wodurch er sich von dem normalen schon äußerlich unterschied. Zum Vergleich wurden die Samen einer jeden Pflanze besonders ausgesät mit dem Ergebnis, daß nur eine solche aus Geschwisterkreuzung eine größere Zahl, eine andere nur einzelne entwicklungsfähige Samen hervorbrachte.

Dipsacaceae.
Scabiosa atropurpurea Desf.

Dem Insektenbesuch freigegebene Blüten setzen reichlich Samen an. Wesentlich anders liegen die Verhältnisse, wenn die Pflanze isoliert wird. Selbstbefruchtung ist bis zu einem gewissen Grade möglich, spontane Autogamie jedoch nicht. Die protandrischen Blüten lassen ihre Staubgefäße verwelken, ehe die Narbe aufnahmefähig wird. Ein Teil der Blütenstände wurde daher dem Insektenbesuch freigegeben. Es wurde etwa der 4. Teil der Blüten befruchtet. Bei 3 Pflanzen wurden einige Blütenstände künstlich bestäubt; nur 1 Pflanze setzte eine kleine Zahl von Früchten an, die im darauffolgenden Frühjahr mit den aus Kreuzung entstandenen ausgesät wurden. Die Kreuzungspflanzen waren sehr bald den anderen überlegen. Die Inzuchtsgeneration war in der Farbe etwas gelblichgrün. Als die Pflanzen zur Blüte kamen, hatten sie völlig verkümmerte Antheren. Nur wenige Staubgefäße besaßen etwas Pollen, der jedoch ohne Wirkung blieb. Die vorgenommene Messung ergab folgendes:

Die Höhe der Kreuzungspflanzen betrug im Mittel . 76 cm
,, ,, ,, Inzuchtspflanzen ,, ,, ,, . 68 cm

Das ist ein Verhältnis von 100:89.

Campanulaceae.
Campanula medium L.

Nach den Versuchen, die in den Jahren 1926 und 1927 angestellt wurden, ist diese schönblühende Glockenblume unserer Gärten völlig selbststeril. Die Blüte ist protandrisch. Der dem unterständigen Fruchtknoten entspringende Griffel ist mit Drüsenhaaren besetzt, an denen die zusammenhängenden Pollenmassen haften bleiben. Erst nachdem die Antheren vertrocknet sind, spreitzt die Griffelspitze die Ästchen, die auf der Innenseite die Narben tragen, auseinander, so daß nun eine Befruchtung möglich wird. Es wurden insgesamt 32 Blüten fremdbestäubt, die ausnahmslos reichlich Samen ansetzten. Das Samengewicht der einzelnen Kapsel betrug im Mittel 120 mg. Mit eigenem Pollen belegt wurden 26, dem Insektenbesuch entzogen 27 Blüten. Beide Gruppen hatten völlig samenlose Kapseln.

Campanula persicifolia L.

Diese Glockenblume gehört im Gegensatz zu der vorher behandelten den ausdauernden Gewächsen an. Auch sie ist auf Fremdbestäubung besonders gut eingerichtet. Da die Narbe tiefer gespalten ist, als bei

C. medium, ist spontane Bestäubung sehr gut möglich; sie bleibt aber wirkungslos.

14 gekreuzte Blüten brachten 14 Fruchtansätze, während alle anderen, die unter den gleichen Pergaminbeuteln zur Entwicklung kamen, restlos steril blieben.

Campanula latifolia L. var. macrantha Sims.

Bei dieser Staude liegen die Blüten- und Befruchtungsverhältnisse ähnlich wie bei der vorgenannten Art. Bei Fremdbestäubung setzten alle Blüten willig Samen an, blieben aber, mit dem Pollen derselben Pflanze belegt, völlig steril. Das Gewicht der Samen konnte nicht genau festgestellt werden, da ein Teil vorzeitig ausgefallen war.

Lobelia fulgens Willd. (L. cardinalis, Hort).

Darwin fand bei dieser Pflanze von der Regel abweichende Verhältnisse vor. Sie wurde daher in die Versuchsreihe hineingenommen. Wie in anderen Fällen, so haben sich auch hier die von ihm gemachten Angaben bestätigt[11]. Das mittlere Samengewicht einer Kapsel von gekreuzten Blüten betrug 30 mg, das der mit Pollen derselben Pflanze bestäubten 30,5 mg. *Darwin* fand auch keinen auffallenden Unterschied. In bezug auf die Wüchsigkeit der Pflanzen sind dieselben Erfahrungen gemacht worden. Die aus Selbstbefruchtung gewonnenen waren ein wenig höher als die Vergleichspflanzen.

Blüten von Pflanzen der Inzuchtsgeneration wurden nun zu einem Teil mit Pollen der gleichen, zu einem anderen wurden mehrere mit solchem einer Geschwisterpflanze belegt. Der Samenertrag stieg nun um einiges auf 34 mg bei den aus Kreuzung entstandenen Kapseln, bei den anderen fiel er auf 23 mg.

Zum weiteren Vergleich wurden die Samen einer jeder Pflanze getrennt auf Saattöpfe gestreut und nicht, wie üblich, ein wenig mit Erde überdeckt. Es zeigte sich, daß sie tatsächlich nur unwillig keimen, wenn sie dem Licht ausgesetzt sind. Das Keimwürzelchen dringt schwer in den Boden und bewegt sich zum Teil über der Erde. Das Übersieben von Sand half dem Übel ab.

Wegen Abschluß der Versuche wurde nur das Keimlingsstadium der Pflanzen beobachtet. In beiden Gruppen ging das Wachstum der Sämlinge nur zögernd vor sich. Die Samen einiger Pflanzen, zum Teil aus Geschwisterkreuzung, zum Teil aus weiterer Selbstung, besaßen nur eine geringe Keimfähigkeit.

Compositae.

Chrysanthemum carinatum Schousb.

Der Versuch wurde angestellt, um zu ersehen, in welchem Grade die Pflanze selbstfertil ist. Zum Vergleich wurden 25 Blüten dem Insektenbesuch freigegeben. Der Samenansatz der eingetüteten Blüten war sehr gering. 14 Blüten brachten nur 250 mg Samen, während die der Kreuzung ausgesetzten 710 mg ergaben. Das Resultat ist aber wohl in beiden Fällen durch regnerische Witterung ungünstig beeinflußt worden.

Chrysanthemum parthenium Pers.

Hier trifft das gleiche zu. Die dem Insektenbesuch ausgesetzten Blüten erzeugten die größere Menge keimfähiger Samen. Gewichtsmäßig wurde das Verhältnis nicht festgestellt, da es schwierig war, den keimfähigen Samen von dem anderen zu trennen.

Monocotyledoneae.
Bromeliaceae.
Aechmea fulgens Brongn. var. discolor.

Obwohl die Blüten dieser Warmhauspflanze, die in der Kultur vegetativ vermehrt wird, reichlich Pollen entwickeln, der spontan mit der zur gleichen Zeit reifenden Narbe in Berührung kommt, findet eine Samenentwicklung nicht statt. Dasselbe trifft für *Billbergia nutans Wendl.* zu, die in der Regel etwa 2—3 Monate früher zur Blüte gelangt (Dezember). Nur gelegentlich erscheinen einige Blütenschäfte später. Auf diese Weise gelang es, Pollen von Billbergia nutans auf die Narben von Aechmea fulgens zu übertragen mit dem Erfolg, daß von 28 bestäubten Blüten 13 eine Anzahl Samen hervorbrachten. Dieser wurde sofort nach der Ernte ausgesät. Nach zweijähriger Kultur blühten im März 1929 von 86 Sämlingen 12 Pflanzen. Die morphologische Beschaffenheit der Blätter war sehr verschieden, ebenfalls die Farbe der Blüten und Hochblätter. Es fanden sich alle Übergänge zwischen den beiden Eltern. Die Jungpflanzen haben die Größe der letzten noch nicht erreicht, da sie für eine vollkommene Entwicklung mehrere Jahre gebrauchen.

Liliaceae.
Galtonia candicans Decne. (Hyacinthus candicans Baker).

Die ,,Sommerhyazinthe" ist protandrisch und mit eigenem Pollen, der eine fädige, zusammenhängende Masse bildet, spontan sehr willig fruchtbar. Die Blüten erscheinen zu Beginn des Monats August und werden stark von Bienen besucht. Sie hängen glockenartig an kurzen Stielchen. Auffallend ist, daß die Kapseln nach der Befruchtung die entgegengesetzte Stellung einnehmen. Das Samengewicht wurde nicht verglichen, da es nicht feststand, ob die dem Versuch dienenden Pflanzen vegetativ oder aus Samen entstanden waren.

Phalangium comosum Poir. (Chlorophytum Sternbergianum Steud.).

Das unter der Bezeichnung ,,Grünlilie" bekannte Gewächs ist selbstfruchtbar. Spontan findet aber nur selten eine Eigenbestäubung statt;

42   E. Böhnert:

denn man findet nur gelegentlich Früchte ausgebildet. Eine vegetative Vermehrung ist dagegen sehr häufig zu beobachten. An den abgeblühten Schäften entwickelt sich eine große Zahl von Hochsprossen; nach *Amelung*[13] aber nur dann, wenn die Samenproduktion unterbleibt.

Am häufigsten wird die weißgestreifte Form kultiviert. Aus Samen herangezogene Pflanzen hatten durchweg völlig grüne Blätter.

Iridaceae.
Gladiolus hybridus Hort.

Pflanzen, die dem Insektenbesuch ausgesetzt waren, zeigten sich sehr fruchtbar. Es standen auf dem Versuchsbeet viele Sorten neben-

Abb. 26. Gladiolus hybridus Hort. F_1.

einander. Bei isolierten Pflanzen, deren Blüten mit eigenem Pollen bestäubt wurden, war dagegen nur ein sehr geringer Fruchtansatz zu verzeichnen. Die Blüte ist protandrisch. Gekreuzt wurde die Sorte „Lene Graetz" mit „Amerika".

Gladiolus hybridus Hort.

	Zahl der beobachteten Blüten	Fruchtansätze	Samengewicht insgesamt mg	je Frucht mg
a) Gekreuzt	9	7	2260	323
b) Geselbstet ...	14	7	220	**31**
c) Spont. geselbstet	23	2	—	—

Zu c) ist zu bemerken, daß sich 2 Früchte bis zu einer gewissen Größe entwickelt hatten; sie enthielten jedoch keinen keimfähigen Samen.

Eine Vergleichssaat ergab eine Überlegenheit der aus Kreuzung entstandenen Sämlinge.

Iris germanica L.

Die Schwertlilie ist zwar selbstfertil, doch wird Selbstfruchtbarkeit durch den eigenartigen Bau der Blüte vollkommen unmöglich gemacht. Die Antheren werden von einem sog. Griffelblatt bedeckt. Während der Pollen bereits befruchtungsfähig ist, liegen die Narbenläppchen dem Griffelblatt noch dicht an, so daß sie nicht bestäubt werden können. Erst gegen Ende des Blühvorganges beugen sie sich herab, um die mit Narbenpapillen besetzte Fläche Insekten in den Weg zu stellen. Es muß demnach die Empfängnisfähigkeit der Narbe beachtet werden, wenn eine künstliche Bestäubung Erfolg haben soll.

Die Versuche wurden von regnerischem Wetter ungünstig beeinflußt, so daß nur 2 Früchte aus Kreuzung und 1 aus Selbstbefruchtung erzielt worden sind.

Zingiberaceae.

Hedychium Gardnerianum Roscoe

Dieses in allen Teilen aromatische Gewächs wird in der gärtnerischen Kultur fast ausschließlich durch Teilung vermehrt. Sichere Kreuzbefruchtung war daher nicht durchführbar. Bestäubung mit eigenem Pollen läßt den größten Teil der Samenanlagen zur Entwicklung kommen. Von 67 bestäubten Blüten setzten 54 Früchte an, die insgesamt 23,3 g Samen enthielten. Spontane Autogamie ist kaum möglich. Der Griffel ist sehr dünn und liegt in einer Rinne des fruchtbaren Staubblattes. Die Antheren sind unterhalb der Narbe angeheftet. Der Pollen ist klebrig und stäubt nicht. Seine Übertragung ist daher nur durch Insekten und dergl. möglich. Durch den starken Duft der Blüten werden die Bienen in die Gewächshäuser gelockt und übertragen die klebenden Pollenmassen.

Cannaceae.

Canna indica L. hybr.

Darwin experimentierte mit *Canna Warszewiczii Dietr.* und fand, daß sie spontan autogam ist. Dieses trifft auch für die Hybriden der Canna indica L. zu, die heute wegen ihres großen Wertes für die Gartenausschmückung weit verbreitet sind. Eine grünblätterige Sämlingspflanze wurde mit Pollen einer rotblätterigen gekreuzt. Es setzten alle Blüten willig Samen an. Nach Selbstbestäubung von 5 Narben des gleichen Blütenstandes erschienen 4 Fruchtansätze. Die Samengröße beider Gruppen war erheblich verschieden.

```
11 Samen aus Kreuzung   wogen 5190 mg
19   „     „  Selbstung    „   7080 mg
```

Setzt man das Gewicht des einzelnen Samenkornes aus Kreuzbefruchtung, das etwa erbsengroß ist, gleich 100, so ist das relative Gewicht 100 : 79.
Bei der obenerwähnten C. *Warscewiczii* Dietr. fand *Darwin* wiederholt ein umgekehrtes Verhältnis[11]. Die Pflanzen aus Kreuzung waren nach seinen Angaben denjenigen aus Selbstbefruchtung um ein geringes Maß unterlegen. Dieses spricht gegen jede Erfahrung. Ein Vergleichsversuch konnte nicht vorgenommen werden, da nach dem Übergießen der Samen mit heißem Wasser von 75—80°C, wie es von *Benary*[14] empfohlen wird, die Keimfähigkeit der Samen erloschen war.

A. Pflanzen, die bei Selbstbefruchtung 50% des durch Kreuzung erzielten Samengewichtes erreichten bzw. überstiegen.

Begonia tuberosa Hort. hybr.
„ semperflorens Link et Otto.
Browallia speciosa Hook. var. major Hort.
Canna indica L. hybr.
Celsia arcturus Jacq.
Cheiranthus cheiri L.
Chrysanthemum carinatum Schousb.
„ parthenium Pers. (Gewichtsmäßig nicht festgestellt, doch werden offenbar bei Selbstbefruchtung mehr als 50% Samen erzeugt.)
Cyclamen persicum Mill. hybr.
Datura metel L.
„ stramonium L.
„ „ L. var. purpureum Hort.
Digitalis purpurea L. var. gloxiniaeflora Hort.
„ lanata Ehrh.
„ lutea L.
Galtonia candicans Decne. (Hyacinthus candicans Baker).
Godetia amoena Lilja hybr.
Hedychium Gardnerianum Roscoe.
Impatiens Balsamina L.
„ Sultani Hook.
Iris germanica L. hybr.
Lobelia fulgens Willd. (L. cardinalis Hort.)
Lychnis coronaria Desr. var. splendens Hort.
Matthiola annua Sweet hybr. (Die Gartenformen produzieren spontan reichlich Samen.)
Mimulus cardinalis Dougl.
Nicandra physaloides Gaertn.
Nicotiana tabacum L. (Es werden bei Selbstbefruchtung mehr Samen erzeugt als bei Kreuzung.)
„ rustica (desgl.).
Papaver dubium L. (Das Verhältnis wurde nicht gewichtsmäßig festgestellt, doch liegt es über 50%.)
„ somniferum L. „Danebrog."
Phalangium comosum Poir. (Chlorophytum Sternbergianum Steud. — Der Samenertrag liegt bei Selbstbefruchtung wahrscheinlich über 50%.)
Primula sinensis Lindl. hybr.
Salpiglossis variabilis var. superbissimus Hort.

Sinningia speciosa Benth. et Hook. (Gloxinia speciosa Lodd.)
Solanum lycopersicum L.
Torenia Fournieri Lindl.
Tropaeolum majus L.

B. Pflanzen, die bei Selbstbefruchtung weniger als 50% des durch Kreuzung erzielten Samengewichtes erreichten.

Argemone grandiflora Sweet.
  ,,   ochroleuca (A. mexicana L. var. ochroleuca Lindl. — Ist nach *Hildebrand*[7] nicht völlig steril.)
Begonia Rex Putz hybr.
Delphinium sinense Fisch.
Dicentra spectabilis Lem.
Gladiolus hybridus Hort.
Malope grandiflora F. G. Dietr.
Nemesia strumosa Benth. hybr.
Nigella aristata Sibth. et Sm.
  ,,   damascena L.
Papaver orientale L. var. colosseum.
  ,,   nudicaule L.
  ,,   Rhoeas L. „Shirley."
Pentastemon pulchellus Lindl.
Petunia hybrida Hort. var. marginata.
Scabiosa atropurpurea Desf.
Schizanthus wisetonensis Hort.
Silene coeli-rosa Rohrb. (Viscaria oculata Lindl.)
Streptocarpus hybridus Hort.

C. Pflanzen, die sich bei Eigenbestäubung völlig selbststeril verhalten haben.

Abutilon vexillarium Morr.
Aechmea fulgens Brongn. var. discolor Hort.
Billbergia nutans Wendl.
Campanula medium L.
  ,,   persicifolia L.
  ,,   latifolia L. var. macrantha Sims.
Cereus speciosus K. Schum.
Eschscholtzia californica Cham.
  ,,   Douglasii Benth.
Nicotiana affinis T. Moore.
Passiflora coerulea L.
Phyllocactus Pseudo-Ackermanni Hort.
Primula malacoides Franch.
Rehmannia angulata Hemsl.
Verbascum phoeniceum L.

Zusammenfassung.

1. Bei gärtnerischen Gewächsen ist, wie wohl allgemein, Selbstfertilität in weit höherem Maße anzutreffen als Selbststerilität.

2. Mit der Möglichkeit einer Eigenbestäubung ist gewöhnlich die Fähigkeit zur Eigenbefruchtung verbunden.

3. Selbstbefruchtung führt auch bei gärtnerischen Gewächsen fast ausnahmslos zur Inzuchtsdegeneration, die sich u. a. im folgenden äußert.

a) Es wird ein weit geringerer Teil der Samenanlagen zu lebensfähigen Samen ausgebildet.

b) Die Zeitspanne zwischen Aussaat und Keimung ist bei Samen aus Inzucht oftmals größer als bei solchen, die durch Kreuzbefruchtung entstanden sind.

c) Die Inzuchtsgeneration ist im höheren Maße für Krankheiten im Keimungsstadium anfällig.

d) In der vegetativen Entwicklung ist die Kreuzungsgeneration derjenigen aus Inzucht häufig überlegen.

4. Es besteht eine Korrelation zwischen Samengewicht und Lebensleistung. Je mehr das erste vom normalen abweicht, um so geringer ist in der Regel die Vitalität der Pflanze.

5. Durch Geschwisterkreuzung können Inzuchtserscheinungen — selbst, wenn es sich um die erste Inzuchtsgeneration handelt — zum Teil nur etwas gemindert, aber nicht behoben werden.

Literatur.

[1] *Baur, E.*, Die wissenschaftlichen Grundlagen der Pflanzenzüchtung. Berlin: Gebr. Borntraeger 1920. — [2] *Knuth, P.*, Handbuch der Blütenbiologie. Leipzig 1898—1905. — [3] *Darwin, Ch.*, Die Wirkungen der Selbst- und Kreuzbefruchtung im Pflanzenreich. Stuttgart 1877. — [4] *Engler, A.*, und *E. Gilg*, Syllabus der Pflanzenfamilien. Berlin: Gebr. Borntraeger 1912. — [5] *Müller, F.*, Bot. Ztg **1868**, 114, 115. — [6] *Darwin, Ch.*, Die Wirkungen der Selbst- und Kreuzbefruchtung im Pflanzenreich. Stuttgart 1877. — [7] *Hildebrand*, Jb. Bot. **7**, 466. — [8] *Hoffmann, H.*, Zur Speziesfrage. 1875, 53. — [9] *Scott, J.*, Report on the Experimental Culture of the Opium Poppy. Calcutta 1874, 47. — [10] Landw. Jb. Schweiz **1926**, 550—589. — [11] *Darwin, Ch.*, Die Wirkungen der Selbst- und Kreuzbefruchtung im Pflanzenreich. Stuttgart 1877. — [12] Gardeners Chronicle **1868**, 1286. — [13] Gartenflora **1929**, 75. — [14] *Benary, E.*, Die Erziehung der Pflanzen aus Samen. Berlin 1911.

Lebenslauf.

Als Sohn des Oberpostsekretärs Böhnert in Dt.-Eylau wurde ich am 9. Januar 1894 zu Allenstein geboren. Nach dem Besuch des Gymnasiums in Dt.-Eylau trat ich am 1. Juni 1910 in den ehem. Königlichen Garten zu Oliva als Lehrling ein, um den Gartenbau zu erlernen. Vom 1. Juli 1913 bis zum 31. August 1918 war ich im Botanischen Garten zu Göttingen praktisch tätig. Unterbrochen wurde diese Zeit durch freiwillige Teilnahme am Kriege. Vom Herbst 1918 bis zum Herbst 1920 besuchte ich die Höhere Lehranstalt für Obst- und Gartenbau zu Proskau O.-S. und war darauf bis zum 1. Februar 1922 bei der Städtischen Gartendirektion zu Hannover als Gartenbautechniker tätig. Von hier aus wurde ich als wissenschaftlicher Hilfsarbeiter an die Gartenbau-Abteilung der Landwirtschaftskammer für die Provinz Brandenburg und für Berlin berufen.

Im August 1924 legte ich die Prüfung zum Staatlich dipl. Gartenbauinspektor an der Lehr- und Forschungsanstalt in Berlin-Dahlem ab. Dem landwirtschaftlichen Studium widmete ich mich neben dem Beruf in der Zeit vom Herbst 1924 bis zu meiner Promotion, die am 24. Juli 1929 stattfand. Seit dem Jahre 1923 bin ich als Gartenbaulehrer und Leiter des gärtnerischen Versuchswesens auf dem Luisenhof, dem Versuchsgut der Landwirtschaftskammer, tätig. Erich Böhnert.

If you have any concerns about our products,
you can contact us on
ProductSafety@springernature.com

In case Publisher is established outside the EU,
the EU authorized representative is:
**Springer Nature Customer Service Center GmbH
Europaplatz 3, 69115 Heidelberg, Germany**

Printed by Libri Plureos GmbH
in Hamburg, Germany